Deutscher Verein von Gas- und Wasserfachmännern E. V.

Die Abgabe und Verwendung des Leuchtgases.

Anleitung zur Aufstellung von Vorschriften
und Regeln für den Gasbezug,
die Einrichtung und den Gebrauch des Gases,

bearbeitet
von der Heizkommission des Deutschen Vereins
von Gas- und Wasserfachmännern,

genehmigt
durch die Hauptversammlung in Königsberg
am 23. Juni 1910.

München und Berlin.
Druck und Verlag von R. Oldenbourg.
1910.

SONDERABDRUCK

aus dem

Journal für Gasbeleuchtung und Wasserversorgung 1910.

Herausgegeben von Geh. Hofrat Dr. Bunte, Karlsruhe.

Druck und Verlag von R. Oldenbourg, München und Berlin.

Inhaltsübersicht.

1*

Vorwort.

Das Gas hat in den letzten Jahrzehnten eine ungeahnte Bedeutung gewonnen. Neben seiner Verwendung als angenehmes, sicheres und billiges Beleuchtungsmittel hat es sich auch als Heiz- und Kraftmittel in Küche und Haushalt, in Gewerbe und Industrie immer mehr eingebürgert, und es ist anzunehmen, dafs die Zukunft dem Gase noch eine weitere grofse Verbreitung bringen wird.

Hand in Hand mit dem mächtigen Aufschwung der Gasindustrie geht auch die Entwicklung des Installationswesens, das einen wichtigen Faktor für die weitere Verbreitung des Gasverbrauchs bildet. Die Gaswerke haben deshalb ein besonderes Interesse daran, dafs durch eine rege Agitation und Installationstätigkeit dem Gasabsatz neue Gebiete erschlossen werden und dafs die Beschaffung der Gasapparate und Einrichtungen dem Publikum möglichst erleichtert wird. Für die weitere Entwicklung des Gasverbrauchs ist es aber auch von hoher Bedeutung, dafs die gröfste Sorgfalt auf eine zweckmäfsige und solide Ausführung der Gaseinrichtungen verwendet wird. Deshalb ist es notwendig, dafs die Gaswerke eine Kontrolle über die Gasinstallationen ausüben, um ungeeignete Arbeitsausführungen zu verhindern und das Publikum sowie sich selbst gegen Nachteile und Gefahren zu schützen, die aus mangelhaften Installationsarbeiten entstehen können. An vielen Orten bestehen deshalb schon Vorschriften für die Ausführung von Gasinstallationen. Um diese jedoch möglichst einheitlich, dem jetzigen Stand der Technik entsprechend zu gestalten und gleichzeitig Grundlagen für die Regelung der mit dem Bezug und der Verwendung des Gases zusammenhängenden sonstigen Fragen zu schaffen, hat der Deutsche Verein von Gas- und Wasserfachmänner beschlossen, durch seine Heizkommission die nachstehende Anleitung über die Abgabe und Verwendung des Gases ausarbeiten zu lassen.

Diese zerfällt:

I. **In eine Gasbezugsordnung,** durch die den Gaswerken ein Vorbild zur Regelung ihres Verhältnisses zu den Gasabnehmern an die Hand gegeben werden soll;

II. **in den Hauptteil, die eigentlichen Installationsvor-schriften,** in denen das Verhältnis der Gaswerke zu den Installateuren behandelt ist und technische Bedingungen für die solide und zweckmäfsige Ausführung von Gasein-richtungen und für deren Prüfung und Überwachung auf-gestellt sind;

III. **in eine Belehrung des Gas verbrauchenden Publikums** über Eigenschaften des Gases, Instandhaltung, Benutzung der Gaseinrichtung und über das Verhalten bei Störungen an diesen.

Die Art und Weise, wie die vorliegenden Bestimmungen, ins-besondere die Installationsvorschriften, in den einzelnen Städten zur Durchführung gelangen sollen, mufste in der vorliegenden Arbeit offen gelassen werden und den einzelnen Städten zur Regelung je nach den Verhältnissen überlassen bleiben. Die verschiedene Art der Durchführung ist schon allein dadurch bedingt, dafs ein Teil der Gaswerke in städtischem, ein anderer Teil in privatem Besitz ist, ferner dadurch, das manche Gaswerke selbst Installationen aus-führen, andere hingegen nicht. Je nachdem werden die Mafsnahmen zur Durchführung der vorliegenden Installationsvorschriften ver-schieden sein müssen. Die Ausübung der Prüfung und Über-wachung von Gaseinrichtungen aber mufs unter allen Umständen durch das Gaswerk selbst, bzw. durch erfahrene Gasfachleute, die seiner Leitung unterstellt sind, erfolgen. Für diese Prüfung eine einheitliche, fachliche und objektive Grundlage zu schaffen, ist Hauptzweck der vorliegenden Installationsvorschriften.

Deutscher Verein von Gas- und Wasserfachmännern.

Der Vorstand:

Der Vorsitzende:

H. Prenger,

Direktor der Gas-, Wasser- und Elektrizitätswerke, Köln.

Der Generalsekretär:

Dr. K. Bunte,

Dipl.-Ing., Karlsruhe.

I. Gasbezugsordnung[1]).

Regelung des Verhältnisses der Gaswerke zu ihren Gasabnehmern. Jedem Abnehmer an Vertragesstatt gegen Anerkennungsschein zu behändigen.

1. Gaslieferung.

Die Lieferung des Gases für sämtliche Benutzungszwecke erfolgt nach Maßgabe der nachstehenden Bestimmungen innerhalb des Bereichs des vorhandenen Rohrnetzes.

Der Gasabnehmer hat jedoch keinen Anspruch auf Entschädigung, wenn das Gaswerk an der Lieferung des Gases verhindert ist.

2. Anmeldung.

Die Anmeldungen sowohl zum Gasbezug wie zur Vornahme damit in Verbindung stehender Arbeiten (Herstellung von Zuleitungen, Setzen von Gasmessern) sind bei dem Gaswerk . . . . Straße Nr. . . schriftlich einzureichen.

3. Zuleitung.

Die Herstellung der Zuleitung bis zu den Gasmessern sowie die Aufstellung der letzteren und deren Verbindung mit der Hausleitung darf nur durch das Gaswerk erfolgen. Dasselbe gilt auch von allen bis hierhin etwa erforderlichen Unterhaltungs- und Reparaturarbeiten.

Die Herstellung einer Zuleitung geschieht auf Antrag des Grundbesitzers, und zwar vom Hauptrohr bis (zur Straßengrenze), auf Rechnung des Gaswerks, von da an auf Rechnung des Bestellers. In gleicher Weise sind auch die Kosten der Unterhaltung

---

[1]) Örtlich den Verhältnissen anzupassen. Die in Klammern gesetzten Stellen sind nur als Beispiele anzusehen.

zu tragen. Lage, Richtung und Weite der Zuleitung werden durch das Gaswerk bestimmt, doch sollen etwaige Wünsche des Abnehmers möglichst berücksichtigt werden.

Größere Gasmotoren (über 3 PS) sollen eine gesonderte Zuleitung erhalten.

4. Innere Leitungen.

Die Herstellung der inneren Leitungen von den Gasmessern an bis zu den Verbrauchsstellen kann sowohl durch das Gaswerk wie durch Privatinstallateure erfolgen.

Diese Arbeiten unterliegen der Aufsicht durch das Gaswerk und müssen den Installationsvorschriften gemäß ausgeführt sein. Ist dies nicht der Fall, so gibt das Gaswerk kein Gas in diese Leitungen ab.

Der Gasabnehmer hat dafür zu sorgen, daß jede Veränderung an seiner Gasleitung dem Gaswerk gemeldet wird.

5. Gasmesser.

Der Gasverbrauch wird durch amtlich geeichte Gasmesser gemessen und (monatlich) nach den festgesetzten Preisen in Rechnung gestellt. Der Gasmesser wird vom Gaswerk geliefert und bleibt dessen Eigentum. Die Kosten für ordnungsmäßige Unterhaltung und Bedienung des Gasmessers trägt das Gaswerk. Für seine Benutzung wird ein Gebrauchszins nach der in § 7 folgenden Tabelle erhoben.

Den Aufstellungsort des Gasmessers bestimmt das Gaswerk in erster Linie nach dem Gesichtspunkt bequemer Zugänglichkeit und Ablesbarkeit. Erforderlichenfalls ist der Gasmesser auf Kosten des Gasabnehmers mit einem Schutzkasten zu umgeben oder sonst gegen mechanische oder Frosteinwirkungen zu schützen (z. B. durch Füllen mit Glyzerin usw.). Dem Gasabnehmer ist jede auch nur vorübergehende Entfernung des Gasmessers von seiner Stelle und jede Veränderung der Anlage untersagt.

Für Beschädigungen an Gasmessern, die nicht auf ordnungsgemäßen Gebrauch zurückzuführen sind, haftet der Gasabnehmer.

Gasmesser kann das Gaswerk jederzeit durch andere ersetzen lassen.

6. Verbrauchsanzeige und Berechnung.

Dem Gasempfänger steht es frei, falls er an der Genauigkeit eines geeichten Gasmessers zweifelt, dessen nochmalige Prüfung durch das (Kgl.) Eichamt zu verlangen. Ergibt sich, daß der

Gasmesser über die nach der Eichordnung zulässige Fehlergrenze hinaus zuungunsten des Abnehmers unrichtig anzeigt, so hat das Gaswerk die Kosten der Prüfung einschliefslich der Auswechslung des Gasmessers zu tragen, andernfalls hat der Gasabnehmer diese Kosten zu ersetzen.

Wenn ein Gasmesser den Gasverbrauch gar nicht oder über die zulässige Fehlergrenze hinaus falsch angezeigt hat, so wird der Gasverbrauch durch das Gaswerk geschätzt. Der Gasabnehmer mufs die Schätzung gegen sich gelten lassen, soweit er deren Unrichtigkeit nicht nachweist. Als Anhaltspunkte für die Schätzung dienen besonders der Verbrauch im gleichen Zeitraum des Vorjahres, der Verbrauch in den Zeitabschnitten, die der Zeit, für welche die Schätzung erfolgen soll, unmittelbar vorhergehen oder nachfolgen.

Wenn nicht ein anderes nachgewiesen wird, wird angenommen, dafs die Mangelhaftigkeit des Gasmessers unmittelbar nach der letzten Feststellung des Gasverbrauchs (§ 9) eingetreten ist.

7. Gasmessermiete.

Die Mietpreise für die Gasmesser betragen monatlich:

für einen 3 flammigen Messer M.

»	»	5	»	»	»
»	»	10	»	»	»
»	»	20	»	»	»
»	»	30	»	»	»
»	»	50	»	»	»
»	»	60	»	»	»
»	»	80	»	»	»
»	»	100	»	»	»
»	»	150	»	»	»
»	»	200	»	»	»
»	»	300	»	»	»

8. Gaspreis.

Der Preis des Gases beträgt:

1. Für 1 cbm Leuchtgas . . . . Pf.
2. » 1 » Koch- und Heizgas . . . . »
3. » 1 » Kraft- und gewerbliches Gas . . . »
4. » 1 » Automatengas . . . . »
5. » 1 » Ballongas . . . . »

(Auf diese Preise wird Rabatt gewährt.)

Der billigere Preis für Koch- und Heizgas kann nur beansprucht werden, wenn der Verbrauch an solchem durch besondere Gasmesser gemessen wird. Für den etwaigen Anschluß von Leuchtflammen an die Heizgasleitung können sog. Flammengebühren (. . Pf. pro Flamme im Monat) vorgesehen werden.

9. Zahlung.

Der Gasverbrauch wird (monatlich) durch einen Bediensteten des Gaswerks erhoben, der Betrag ist nebst der etwa fälligen Gasmessermiete bereit zu halten und beim erstmaligen Vorzeigen der Quittung zu bezahlen. Beschwerden gegen die Abrechnung sind schriftlich einzubringen und halten die Zahlung nicht auf.

Der Abnehmer ist verpflichtet, den Betrag an (der Kasse des Gaswerks) zu zahlen, wenn der Bote zweimal vergeblich die Rechnung vorgezeigt hat (und hat alsdann für die Mahnung eine Gebühr von 20 Pf. zu entrichten).

10. Münzgasmesser (Gasautomaten).

Auf Verlangen der Gasabnehmer können Münzgasmesser aufgestellt werden. Für den Bezug des Gases durch Münzgasmesser gelten ebenfalls die in der Gasbezugsordnung für die gewöhnlichen Gasmesser aufgeführten Bestimmungen.

Der Gaskonsument bezahlt das Gas durch jedesmaligen Einwurf eines unbeschädigten Geldstückes (10 Pf., 50 Pf., 1,00 M.) in den Münzgasmesser.

Der Münzgasmesser darf nur von Beauftragten des Gaswerkes, die mit Ausweis versehen sind, geöffnet oder entleert werden. Widerrechtliche Entnahme von Geld aus Münzgasmessern gilt nach vorliegenden gerichtlichen Entscheidungen als Einbruchdiebstahl. (Bei dem Öffnen und bei der Entleerung der Geldbüchse hat der Beauftragte des Gaswerks den Gasabnehmer oder eine zum Haushalte gehörende großjährige Person heranzuziehen).

Wenn der Münzgasmesser schadhaft ist, ohne genügenden Geldeinwurf Gas durchläßt, oder wenn der in der Geldbüchse des Münzgasmessers vorgefundene Geldbetrag mit dem an dem Gasmesser abgelesenen Gasverbrauch nicht übereinstimmt, so sind die Angaben des an dem Gasmesser angebrachten Zählwerkes für die Feststellung der verbrauchten Gasmenge maßgebend. Der Gasabnehmer hat hiernach aufzuzahlen, oder es wird ihm das Zuvielbezahlte erstattet. Ist der Gasmesser fehlerhaft, so finden die Bestimmungen des § 6 Anwendung.

11. Vermietung von Gaseinrichtungen in Verbindung mit Münzgasmessern.

Das Gaswerk kann mit dem Münzgasmesser auf Wunsch des Gasabnehmers auch Gasleitungen und Verbrauchsapparate vermieten. Der Mietzins wird dann zu dem Preis des Gases hinzugeschlagen und unterliegt einer besonderen Vereinbarung. Die mit den Münzgasmessern den Gasabnehmern vermietete Einrichtung bleibt Eigentum des Gaswerks und dies erkennt der Gasabnehmer hierdurch ausdrücklich an. Er verpflichtet sich, die ihm zur Miete abgegebene Gaseinrichtung in brauchbarem Zustande zu erhalten. Reparaturen, die ohne Verschulden des Gasabnehmers entstanden sind, trägt das Gaswerk. Der Gasabnehmer ist nicht berechtigt, Änderungen an der Leitung vorzunehmen oder durch Dritte vornehmen zu lassen und haftet für alle aus einer Übertretung entstandenen Nachteile. Das Gaswerk ist außerdem berechtigt, das Mietsverhältnis sofort aufzuheben und die Gaslieferung einzustellen.

12. Vermietung von Gasapparaten und Beleuchtungskörpern.

Das Gaswerk kann auf Antrag Koch- und Heizapparate sowie Beleuchtungskörper mietsweise den Gasabnehmern überlassen. (Siehe Anhang S. 14.)

13. Mängel und Gasentweichungen.

Wahrgenommene Mängel, besonders Gasentweichungen sind dem Gaswerk sofort zur Anzeige zu bringen.

Bei Gasgeruch in der Wohnung hüte man sich vor dem Ableuchten; man lüfte, halte Feuer und Licht fern, schließe den Haupthahn und benachrichtige das Gaswerk oder einen Installateur.

14. Kontrolle der Gaseinrichtungen.

Dem Gaswerk steht jederzeit das Recht der Kontrolle der Gaseinrichtungen zu.

Der Gasabnehmer ist verpflichtet, dafür zu sorgen, daß dem Beauftragten des Gaswerks der Zutritt zu allen Teilen der Gasleitung und zum Gasmesser jederzeit möglich ist.

15. Sicherheitsleistung.

(Der Gasabnehmer hat für die Erfüllung seiner Verpflichtungen genügende Sicherheit zu leisten.)

2*

16. Kündigung.

Der Gasabnehmer kann den Gasbezug mit achttägiger Frist kündigen. Verläfst ein Gasempfänger die bisher benutzten Räume, so hat er vor deren Räumung dem Gaswerk schriftlich hiervon Nachricht zu geben. Unterbleibt diese und findet ein weiterer Gasverbrauch statt, so bleibt der bei dem Gaswerk eingetragene ehemalige Abnehmer für die Zahlung des durch den Gasmesser als verbraucht nachgewiesenen Gases haftbar.

17. Zuwiderhandlungen.

Bei Zuwiderhandlungen gegen die vorstehenden Bestimmungen sowie bei Ordnungswidrigkeiten in der Benutzung oder Bezahlung des Gases ist der Gasabnehmer dem Gaswerk für allen Schaden haftbar und das Gaswerk berechtigt, die Gaslieferung einzustellen.

18. Änderungen der Gasbezugsordnung.

Abänderungen vorstehender Bestimmungen durch (das Gaswerk) bleiben jederzeit vorbehalten. Sie treten allgemein für jeden Abnehmer 8 Tage nach erfolgter öffentlicher Bekanntmachung in Kraft unter Aufhebung der zuvor getroffenen Bestimmungen.

(Der Empfang dieser Bestimmungen und ihre vertragliche Anerkennung wird durch Unterzeichnen eines Anerkennungsscheines bestätigt; siehe Formular.)

. . . ., den . . . . 19 . .

Die Direktion des Gaswerks

. . . .

19. Anerkennungsschein.

Der Unterzeichnete, welcher von dem Gaswerk . . . .
Gas für folgende Zwecke:

Beleuchtung,   Kochen,   Heizen,   Badeofen,   Motoren,

. . Flammen, . . . Brenner, . . . Brenner, . . . Stück, ... PS,

Gewerbliche Zwecke

. . . . . . Brenner

durch Münzgasmesser . . . . ., durch gewöhnliche Messer . . . .

zu beziehen wünscht, bescheinigt hierdurch, eine Belehrung über
den Gebrauch des Gases sowie ein Exemplar der Gasbezugsordnung
vom . . . . erhalten zu haben, und erkennt diese
als für ihn verbindlich an.

. . . . M. Kaution sind gezahlt.

. . . ., den . . . . 190 .

Vor- und Zuname: . . . .

Stand: . . . .

Strafse: . . . ., Nr. . . . .

20. Anhang.

Mietsbedingungen für die Vermietung von Gasapparaten und Beleuchtungskörpern.

1.

Das Gaswerk in . . . . vermietet die nachstehend aufgeführten Apparate an Herrn . . . . in . . . .
Straße . . . . Nr. . . . . auf die Dauer von mindestens 12 Kalender-
Monaten, beginnend vom . . . . 19 . . Nach Ablauf dieser
Zeit steht beiden Teilen für die Folgezeit die Auflösung des Mietsverhältnisses
zum Schluß eines jeden Kalender-Vierteljahres mit vierwöchentlicher Kündigungs-
frist frei. Die Kündigung muß schriftlich geschehen unter Angabe der Nummer
des Vertrages.

2.

Das Gaswerk hat die Apparate in gutem, brauchbarem Zustande vollständig
betriebsfertig anzuliefern. Der Mieter hat sich von der richtigen Anlieferung zu
überzeugen und diese durch Unterschrift zu bestätigen. Das Gaswerk ist berechtigt, vor Anlieferung der Apparate eine entsprechende Kaution zu verlangen.

3.

Die gemieteten Apparate bleiben Eigentum des Gaswerks. Der Mieter darf
sie nicht veräußern, verpfänden oder verleihen und hat auch von einer er-
folgten zwangsweisen Pfändung der Mietsobjekte sofort dem Gaswerk Mitteilung
zu machen. Ebenso verpflichtet sich der Mieter einen etwaigen Wohnungswechsel
4 Wochen vorher dem Gaswerk anzuzeigen und vor schriftlicher Genehmigung
die Mietsobjekte nicht aus der bisherigen Wohnung zu entfernen. Falls Reparaturen an den Mietsobjekten nötig werden, dürfen diese nur durch das Gaswerk
ausgeführt werden. Die Kosten hierfür sind vom Mieter zu tragen.

4.

Der Mieter ist berechtigt, jederzeit den Apparat zu dem vereinbarten Preis
zu erwerben, wobei ihm die Hälfte der für den betreffenden Apparat gezahlten
Miete auf den Kaufpreis angerechnet wird.

5.

Die vereinbarten Mieten sind monatlich bei Vorlage der Rechnung durch den
Kassenboten des Gaswerks an diesen gegen Aushändigung der Quittung im voraus
zu entrichten. Falls ausnahmsweise die sofortige Zahlung unterbleibt, hat der
Mieter den Betrag der Rechnung innerhalb 5 Tagen portofrei an die Kasse des
Gaswerks . . . . einzusenden.

Die erste Mietsrate sowie die etwa entstehenden Kosten für Einschaltung
der betreffenden Apparate in die Gasleitung sind unmittelbar bei Zustellung der
Mietsobjekte zu entrichten. Der angefangene Monat wird hierbei als voll gerechnet.

6.

Das Gaswerk ist zur sofortigen Wegnahme der Apparate, ohne daß eine Zurück-
erstattung der bereits gezahlten Mietsbeträge gefordert werden kann, und zur Ein-
stellung der weiteren Gaslieferung berechtigt, wenn der Mieter:

        a) eine fällige Mietsrate nicht innerhalb 2 Wochen nach Vorlegung der
           Quittung bezahlt hat;

        b) diesen Bedingungen oder den allgemeinen Bedingungen, unter denen
           das Gaswerk . . . . Gas liefert, zuwiderhandelt.

Falls der Mieter seinen Verpflichtungen nicht nachkommt, so daß das Gaswerk gezwungen ist, das Mietsverhältnis aufzulösen und die Apparate zurückzu-
nehmen, hat der Mieter diese in tadellosem Zustande zurückzugeben, widrigen-
falls ihm etwaige Aufarbeitungs- usw. Kosten zur Last fallen.

7.

Alle Meldungen, Anfragen usw., welche die gemieteten Apparate betreffen, sind schriftlich an die Direktion des Gaswerks in . . . . zu richten, unter genauer Angabe der Adresse und der Nummer des Vertrags.

. . . ., den . . . . 19 . .

Die Direktion des Gaswerks

. . . .

Vertrag Nr. . . . . .
Cons.-B. Fol. . . .
Lfd. Cons. . . . . . .

Antrag

auf Mietung von Koch- und Heizapparaten.

1. $\dfrac{\text{Ich}}{\text{Wir}}$ miete . . heute von Ihnen unter den vorstehenden Mietsbedingungen für mindestens 12 Monate vom . . . . ab, die in

$\dfrac{\text{meine . . Wohnung}}{\text{unsere . . Geschäftslokal . .}}$ . . . .

aufzustellenden, nachstehend näher aufgeführten Apparate:

Bezeichnung der Apparate	vereinbarte monatliche Miete		vereinbarter Kaufpreis	
	M.	Pf.	M.	Pf.

2. Die vorstehenden Bedingungen habe . . $\dfrac{\text{ich}}{\text{wir}}$ gelesen und erkläre . . $\dfrac{\text{ich mich}}{\text{wir uns}}$ mit ihnen einverstanden.

. . . ., den . . . . 19 . .

Vor- und Zuname . . . .

Stand . . . .

II. Installationsvorschriften und Regeln für die Ausführung von Gasanlagen[1]),

aufgestellt vom Deutschen Verein von Gas- und Wasserfachmännern, e.V., im Zusammenwirken mit dem Verbande selbständiger deutscher Installateure, Klempner und Kupferschmiede, e.V., Sitz in Düsseldorf.

A. Die Ausführung der Gasleitungen.

1. Arbeiten, welche ausschliefslich dem Gaswerk vorbehalten sind.

Die Herstellung der Zuleitung, soweit sie ungemessenes Gas führt, sowie die Aufstellung und Verbindung aller Gasmesser mit der Leitung und alle Änderungen an diesen Teilen sind ausschliefslich dem Gaswerk vorbehalten und dürfen nur von dessen Beauftragten ausgeführt werden.

Jedes Anwesen, das ein einheitliches Besitztum bildet, soll eine eigene Zuleitung erhalten. Hauszuleitungen an Laternenzuleitungen und umgekehrt anzuschliefsen, ist nur in Ausnahmefällen gestattet.

Die Zuleitungsröhren müssen aus Eisen sein; hinter der Einführung an zugänglicher Stelle ist ein Abschlufshahn anzubringen, bei gröfseren oder feuergefährlichen Objekten aufserdem eine leicht erreichbare Absperrvorrichtung auf der Strafse. Dauernd unbenutzte Zuleitungen müssen am Hauptrohr totgelegt, solche, an denen die innere Einrichtung noch nicht angebracht oder zeitweilig abgenommen ist, gut und sicher verschlossen werden.

Die Gröfse, den Standort und die Art der Aufstellung des Gasmessers bestimmt die Gasanstalt. Räume, in denen Gasmesser stehen, sollen womöglich nicht als Schlafräume benutzt werden.

---

[1]) Regelung des Verhältnisses der Gaswerke zu den Installateuren. Öffentlich bekanntzugeben, bzw. den Installateuren vorzuschreiben.

Gasmesser und Haupthähne sollen nur in einem leicht und jederzeit zugänglichen, frostfreien und ausreichend gelüfteten Raum aufgestellt bzw. angebracht werden.

Die Aufstellung von Gasmessern in Räumen, die mit offenem Licht nicht betreten werden dürfen, oder in denen explosible Stoffe lagern oder verarbeitet werden, ist unzulässig.

Vor jedem Gasmesser ist ein leicht zu bedienender Abstellhahn anzubringen.

Bei Wegnahme eines Gasmessers müssen beide Leitungsenden durch Schlußzapfen, Kappen oder Blindflanschen gasdicht verschlossen werden.

Aus abgenommenen Gasmessern ist der Gasinhalt durch Auffüllen mit Wasser oder Ausblasen mit Luft alsbald gründlich zu entfernen.

Einem abgenommenen Gasmesser mit Feuer nahe zu kommen, ist streng verboten. (Explosionsgefahr.)

Den Installateuren wie auch den Besitzern der Gasleitungsanlage und allen fremden Personen ist es verboten, Gasmesser von den Leitungen loszuschrauben oder Änderungen an ihnen oder an der Zuleitung bis zum Gasmesser vorzunehmen.

Alles weitere bestimmt die Gasbezugsordnung.

2. Arbeiten, welche auch von Privatinstallateuren ausgeführt werden können.

Die Ausführung der übrigen, hinter den Gasmessern liegenden Einrichtung im Innern der Anwesen kann sowohl vom Gaswerk wie auch von Privatinstallateuren erfolgen. Diese Arbeiten unterliegen der Prüfung und Aufsicht durch das Gaswerk.

3. Material und Weite der Rohrleitungen.

Die im Innern von Gebäuden zu verwendenden Gasrohre müssen in der Regel aus Schmiedeeisen sein; Messingrohre sind gegebenenfalls zulässig, Kupfer- und Bleirohre sind für Verteilungsleitungen unzulässig und müssen bei nächster Gelegenheit durch eiserne ersetzt werden. Verbindungsstücke müssen aus Schmiedeeisen oder schmiedbarem Eisenguß bestehen.

Da wo Leitungen der Feuchtigkeit oder chemischen Einflüssen ausgesetzt sind, müssen sie durch einen gegen Zerstörung wirksamen, bei Bedarf zu erneuernden Anstrich geschützt sein.

Rohrleitungen, die in die Erde gebettet werden, sollen aus starkwandigen schmiedeeisernen, asphaltierten Röhren oder aus asphaltierten Mannesmannröhren bestehen. Bei Verwendung von gufseisernen Röhren ist auf genügende Bruchsicherheit zu achten.

Die inneren Weiten der Gasleitungen bestimmen sich nach dem zu erwartenden stündlichen Höchstverbrauch an Gas und der Länge der Leitung nach folgender Tabelle:

Tabelle der Rohrweiten.

(Zulässiger gröfster Gasdurchlafs in cbm/Std.)

1. Durchmesser		Länge der Leitung in Metern							
Zoll engl.	mm	3	5	10	20	30	50	100	150
$1/_4''$	6	0,160	0,120						
$3/_8''$	10	0,500	0,400	0,250	0,150				
$1/_2''$	13	1,4	1,1	0,700	0,400	0,260	0,160		
$3/_4''$	20	4,3	3,3	2,1	1,1	0,600	0,400	0,160	
1 "	25	8,5	6,5	4,0	2,5	1,5	1,1	0,450	0,320
$1^1/_4''$	32	16,5	12,5	8,0	5,0	3,5	2,8	1,8	1,2
$1^1/_2''$	40	25	20	12	8,5	7,0	4,4	2,7	2,2
2 "	50	54	44	28	19,8	16,5	12,0	7,5	6,5
$2^1/_2''$	63	100	76	53	37	30	24	15	12,5
3 "	75	170	130	90	62	51	40	26	21
4 "	100	360	300	210	150	125	100	64	52

Für Bemessung der Rohrleitung ist als stündlicher Verbrauch anzunehmen:

Bei Glühlichtern . . . . 125 l
> Kochapparaten, und zwar für jeden einzelnen Brenner . . . . 300 >
> Heizöfen je nach Größe . . . . 1000 bis 2000 >
> Badeöfen . . . . 3000 > 4000 >
> Gasmotoren, soweit nicht besondere Vorschriften seitens der Fabrikanten gegeben sind, für die PS . . . . 750 >

Schmiedeeiserne Leitungen im Freien oder an kalten Wänden sollen möglichst weit, nicht unter 20 mm (³/₄") genommen werden.

Wo Frost zu befürchten ist, sind die Rohrdurchmesser immer etwas größer, als in der Tabelle angegeben, zu wählen.

4. Die Anordnung der Rohrleitungen.

Die Rohrleitungen sollen möglichst zugänglich und **vor Frost** geschützt sein.

Bei größeren Anlagen und da, wo Leitungen unter Putz, in Zwischenböden oder sonst verdeckt verlegt werden sollen, kann das Gaswerk Vorlage eines Planes mit genauen Maß- und Rohrweitenangaben verlangen.

Verdeckt liegende Leitungen sollen mindestens 13 mm l. W. haben und müssen vor der Zudeckung der Prüfung durch das Gaswerk unterzogen werden.

Bei Rohrleitungen unter Fußböden darf die Deckung nicht auf den Röhren aufliegen.

Die Führung der Rohrleitungen durch Schornsteine und Kanäle ist verboten.

Die Durchführung von Rohren durch unzugängliche, hohle Räume oder durch starke Mauern soll in einem an beiden Enden offenen Futterrohr geschehen. Dieses muß in seiner ganzen Länge dicht und mindestens 1 cm weiter sein als der äußere Durchmesser des Leitungsrohres.

Innerhalb der Futterrohre dürfen keine Rohrverbindungsstellen liegen. Ebenso sind bei allen Mauerdurchführungen Verbindungsstellen innerhalb der Mauern unstatthaft.

Beim Durchstemmen von Wänden, Gewölben und Balken ist Rücksicht zu nehmen, daß keine tragenden Gebäudeteile geschwächt werden, nötigenfalls ist die Zustimmung des Architekten oder Bauherrn einzuholen.

Humus, Mull und Schlacken sind unter allen Umständen aus der Umgebung der Rohrleitungen fernzuhalten.

5. Schutz der Leitungen vor Wasseransammlungen und Frost.

Um die **Ansammlung von Wasser** in den Rohrleitungen zu verhindern, sind diese mit entsprechendem **Gefälle** zu legen. Das Gefälle ist bei nassen Gasmessern nach dem Gasmesser hin, bei trockenen Gasmessern von diesem weg zu richten.

An allen **tiefsten Punkten** der Rohrleitungen sind mit Kappen oder Schlufszapfen zu verschliefsende **Wasserablässe** anzubringen.

Wo gröfsere Wasseransammlungen zu erwarten sind, sind Wassersäcke (Siphons oder Schwanenhälse) anzubringen, die einen Gasaustritt verhindern und mit einer Messingkappe oder einem Hähnchen zu verschliefsen sind.

Wenn eine Leitung von einem warmen in einen kalten Raum tritt, ist das Gefälle nach dem warmen Raum hin zu führen und dort ein Wasserablafs anzubringen.

Leitungen, die vor Frost nicht vollständig geschützt werden können, sind mit Ansätzen zum Einschütten von Flüssigkeit behufs Auftauens der Leitung zu versehen.

Leitungen im Erdboden, aufserhalb der Gebäude, sollen in der Regel 0,75 bis 1,0 m Deckung haben; sie erhalten anstatt der Wassersäcke leicht zu bedienende Wassertöpfe.

6. Ausführung der Rohrleitungen.

Die einzelnen Rohr- und Verbindungsteile sind vor ihrer Verwendung und während der Arbeit stets auf ihre Brauchbarkeit, Durchlässigkeit und Dichtheit zu prüfen. Schadhafte Stücke sind auszuscheiden.

Es ist stets auf Freihaltung des vollen Rohrquerschnittes zu achten. Der beim Abschneiden der Rohre entstehende **innere Grat ist zu entfernen.** Hanffäden dürfen nicht in das Rohr hineinragen.

Es ist darauf zu achten, dafs alle Gewinde gerade, sauber geschnitten, genügend lang (halbe Muffenlänge) und unbeschädigt sind.

Die Verbindung der einzelnen Gasröhren unter sich und mit den Formstücken ist unter Verwendung von in Leinöl getränkten Hanffäden oder Hanf mit bleifreiem Kitt **vollständig fest und**

gasdicht herzustellen. Der Kitt soll nicht in das Innengewinde der Verbindungsstücke hineingestrichen werden.

Eisenasphaltlack und ähnliche Mittel oder weiches Lot dürfen nicht zur Dichtung verwendet werden. Das aus dem Gewinde hervortretende Dichtungsmittel ist sauber zu entfernen.

Die Leitungen sind sauber unter Vermeidung scharfer Ecken und überflüssiger Wege geradlinig und winkelrecht zu Decken und Wänden anzubringen und ausreichend (alle 1,5 m) zu befestigen.

Verbindungsstellen, die sich als undicht erweisen, sind sofort auseinanderzunehmen und vollständig dicht wieder herzustellen. **Das Verstreichen undichter Verbindungsstellen mit Kitt oder anderen Mitteln sowie das Dichten solcher Stellen durch Verstemmen ist verboten.**

Die gesamte Rohrleitung darf erst nach vollendeter Prüfung mit einem Anstrich oder mit Abdeckung versehen werden. Ein Anstrich ist überall da notwendig, wo Rostgefahr vorliegt. Fertiggestellte Leitungen sind an ihren Enden mittels metallener Stopfen und Kappen gasdicht zu verschliefsen. **Jedes auch nur vorübergehende Verschliefsen mit Holz, Kork, Papier, Pfropfen oder ähnlichen Mitteln ist aufs strengste untersagt.**

Während aller Arbeiten an bereits in Betrieb befindlichen Gaseinrichtungen ist der Hahn am Gasmesser zu schliefsen, der Hahnschlüssel abzunehmen und der Hahn so lange geschlossen zu halten, bis die hinter ihm liegenden Leitungsteile mit Verschlufszapfen oder Kappen wieder **gasdicht** verschlossen sind.

Auf eine längere Dauer ist auch das Schliefsen eines Hahns oder die Auffüllung eines in der Zuleitung etwa vorhandenen Absperrtopfes nicht als sicherer Verschlufs anzusehen, in solchen Fällen ist daher die Leitung aufserdem durch Schlufszapfen oder Kappen zu verschliefsen.

Das Ableuchten von Gasleitungen ist streng untersagt. Die Ermittlung von Fehlerstellen soll durch Abseifen oder Abriechen der Leitung erfolgen.

B. Die Gasverbrauchsapparate.

1. Zubehörteile.

(Hähne, Schlauchverbindungen, Druckregler.)

In den Leitungen und an den Gasverbrauchsapparaten dürfen nur Hähne verwendet werden, deren Kegel mit einem Anschlagstift versehen sind, nur eine Viertelsdrehung machen und nicht ohne weiteres aus dem Gehäuse gezogen werden können.

Alle Hähne müssen leicht erkennen lassen, ob sie geöffnet oder geschlossen sind. Zu diesem Zweck müssen Hahngriffe und Kerben in die Richtung der Hahnbohrung fallen, so daß der Hahn geschlossen ist, wenn der Griff oder die Kerbe quer zur Rohrrichtung steht. Wo drei Rohrrichtungen, wie bei Lyren, zusammenstoßen, muß die Griffstellung des offenen Hahnes in die Richtung des Gasaustrittes fallen.

Hahnschlüssel sind so einzurichten, daß sie nicht durch einseitiges Übergewicht Anlaß zu selbsttätigem Öffnen des Hahnes geben können.

Schläuche dürfen nur zur Speisung einzelner Lampen und kleinerer Kochapparate verwendet werden. Bei Schlauchverbindungen, die nur für einzelne Lampen und kleinere Apparate verwendet werden dürfen, muß ein Absperrhahn vor dem Schlauch vorhanden sein [1]).

Schläuche müssen stets so angebracht werden, daß sie nicht in den Bereich der Flamme kommen können.

Die Anbringung von Druckreglern in Leitungen ist möglichst auf Gasmotoren und jene Fälle zu beschränken, wo größere Druckschwankungen vorkommen.

Druckregler in Leitungen dürfen nur in hellen, gut gelüfteten Räumen untergebracht werden und nur da, wo eine regelmäßige Überwachung des sicheren Gasabschlusses vorausgesetzt werden kann. Zweckmäßig ist ein dichter Abschluß mit einer Entlüftungsvorrichtung ins Freie.

An Reglern empfiehlt es sich, einen Ein- und Ausgangshahn und ein Umgangsrohr mit Hahn vorzusehen.

2. Beleuchtungskörper.

Die Beleuchtungskörper müssen durchaus dicht sein und sind mit der Leitung vollkommen gasdicht und derart fest zu verschrauben, daß eine Lockerung durch den Gebrauch ausgeschlossen ist. Zu dem Behuf werden sie zweckmäßig mittels genügend großer Decken- und Wandscheiben, die anzuschrauben — nicht anzunageln — sind, befestigt.

---

[1]) Absperrhähne an · mit Schlauch zu verbindenden einflammigen Lampen, Kochern und Heizapparaten selbst sind unzweckmäßig und entweder ganz zu vermeiden oder nur als Regulierhähne auszubilden, die das Gas nicht ganz absperren, so daß man gezwungen ist, zum Absperren stets den Hahn vor dem Schlauch zu benutzen.

Die Befestigung an Gipserlättchen oder Staak-Stecken ist verboten.

Decken- und Wandscheiben müssen so befestigt sein, daß sie mehr wie das 4fache des Gewichts der für sie bestimmten Apparate, mindestens aber 25 kg mit Sicherheit tragen.

An der Decke hängende Lampen und Kronen sind möglichst mit Kugelbewegungen aufzuhängen; diese sind nur mit voller Kugel zulässig.

Schwere Hängeleuchter müssen mit durchgehenden Schrauben oder in besonderer Weise sicher befestigt werden. Auch müssen derartige Leuchter gegebenenfalls durch besondere, leicht zugäng-liche Hähne abgeschlossen werden können.

Sogenannte Korkzüge sind verboten. Flüssigkeitsverschlüsse sind zu vermeiden, jedenfalls aber nicht mit Wasser, sondern mit schwer verdunstender, nicht harzender Flüssigkeit, wie Glyzerin oder nicht harzendes Öl, zu füllen.

Alle Beleuchtungskörper sind so hoch anzubringen, daß sie bei gewöhnlichem Gebrauch nicht leicht verletzt oder unbrauchbar gemacht werden können und den Verkehr nicht hindern. Wenn keine Möbel (Tische) unter ihnen stehen, muß eine freie Höhe von mindestens 1,9 m bleiben.

Bei der Anbringung von Beleuchtungskörpern ist darauf zu achten, daß diese **von brennbaren Stoffen** (Decken, Wänden, Ver-schlägen, Möbeln, Vorhängen usw.) so weit **entfernt** bleiben, als zur Verhütung einer Entzündung oder Verkohlung, also für völlige Feuersicherheit erforderlich ist.

Bewegliche Wandlampen dürfen nicht in der Nähe brennbarer Stoffe angebracht werden.

Wenn eine vollkommene Sicherheit bietende Entfernung der Flammen von brennbaren Stoffen nicht eingehalten werden kann, so ist durch geeignete Schutzmittel (Hitzefänger, Schutzbleche, Isolierungen, Glasglocken u. dgl.) für Feuersicherheit zu sorgen.

3. Gasheizapparate.

Größere Gasheizapparate, wie Gasherde und Gasöfen sowie Gasbadeöfen dürfen nicht durch Schläuche mit der Leitung ver-bunden werden, sondern müssen durch feste Rohrleitungen an-geschlossen werden.

Auch für kleinere Koch- und Heizapparate empfiehlt sich, wenn möglich, ein fester oder gelenkiger Rohranschluß.

Unmittelbar vor jedem Heizapparat mufs ein bequem zugänglicher Hahn in der Rohrleitung angebracht sein.

Heifswasserautomaten müssen so konstruiert sein, dafs auch im Falle einer Störung kein Gas in den Aufstellungsraum austreten kann.

Baderäume, in denen Gasbadeöfen benutzt werden, besonders solche von kleinem Rauminhalt, müssen neben der Abführung der Abgase auch Vorrichtungen zur Zuführung frischer Luft besitzen.

Beim Fehlen besonderer Lüftungsvorrichtung kann schon eine unten an der Türe ausgeschnittene Öffnung dem Mangel abhelfen.

An jedem Gasbadeofen oder in dessen Nähe mufs eine deutlich sichtbare kurze Gebrauchsanweisung angebracht sein.

4. Abzugsvorrichtungen für die Abgase.

Zimmeröfen, Badeöfen sowie gröfsere Herde und andere gröfsere Gasheizapparate sind stets an eine gut wirkende Einrichtung zur Abführung der Abgase anzuschliefsen [1].

Diese Apparate sind von allen zufälligen Störungen im Schornstein (fehlender Zug, Windstöfse) unabhängig zu machen, um eine ungestörte Verbrennung des Gases zu sichern. Dies kann durch besondere Konstruktion der Öfen oder durch Unterbrechungen mit Deflektor im Abzugsrohre bewirkt werden.

Die Weite des Abzugsrohres für die Verbrennungsprodukte richtet sich nach dem stündlichen Gasverbrauch des angeschlossenen Heizapparates. Das Abzugsrohr soll mindestens den 20 fachen Querschnitt des Gaszuführungsrohres besitzen. (Weiten der Gasrohre siehe Abschn. A, Ziff. 3, Weiten der Abzugsrohre siehe Tabelle S. 25.)

Kanäle oder Kamine, die hiernach einen viel zu weiten Querschnitt haben, sind als Abzug von Gasheizapparaten im allgemeinen nicht geeignet.

Wo es möglich ist, sollen, um Zugstörungen durch die Einwirkung der Abgase anderer Heizapparate zu vermeiden, die Abgase gröfserer Gasheizapparate einen gesonderten Abzugskamin erhalten.

Um das Austreten von Niederschlagswasser in das Mauerwerk zu vermeiden, empfiehlt es sich, in Neubauten für Gasheizapparate

---

[1] S. Anleitung zur richtigen Konstruktion, Aufstellung und Handhabung von Gasheizapparaten. R. Oldenbourg.

Tabelle der lichten Weiten von Abzugsrohren.

Weite des Gasrohres			Weite des Abzugsrohres		
Durchmesser		Querschnitt	Querschnitt	Durchmesser	
Zoll	mm	qmm	qcm	cm	abgerundet cm
$^3/_8$	10	78	14	4,2	5
$^1/_2$	13	133	27	5,9	6
$^5/_8$	16	201	40	7,2	8
$^3/_4$	20	314	63	9,0	9
1	25	491	98	11,2	12
1 $^1/_4$	32	804	161	14,3	15
1 $^1/_2$	40	1257	251	17,9	17
2	50	1963	393	22,4	22

dicht verputzte, gemauerte Kamine oder am besten Abzüge aus Tonröhren oder mit Tonröhren oder sonst dichten Röhren ausgefütterte Kamine vorzusehen.

Die Muffen der Tonrohre sind mit nachgiebigem Material (Lehm) zu dichten. Die Rohre sollen mit dem Mauerwerk nicht in fester Verbindung stehen, damit sie nicht durch Setzen desselben zerdrückt oder in den Verbindungen gelockert werden können.

Abzugsrohre aus Blech sind zweckmäfsig aus verbleitem Eisenblech herzustellen.

Bei allen Abzugsrohren mufs die Muffe bezw. der weitere Teil nach oben gerichtet sein; das Gefälle ist so zu legen, dafs Ansammlungen von Niederschlagwasser in der Leitung nicht erfolgen können. Da etwa die Hälfte der Verbrennungsprodukte aus Wasserdampf besteht, empfiehlt es sich, an den tiefsten Stellen der Abzugsleitungen Wasserauffangvorrichtungen anzubringen.

Die **Abzugsrohre** sind möglichst **vor starker Abkühlung zu schützen,** deshalb ist ihre Anlage in kalten Aufsenwänden und im Freien möglichst zu vermeiden.

Um einen ersten Auftrieb zu erhalten, empfiehlt es sich, das Abzugsrohr unmittelbar hinter dem Gasapparat zunächst im Raume frei in die Höhe und erst unterhalb der Decke in den Kamin bzw. ins Freie zu führen.

Lange, vielfach die Richtung ändernde oder gar abwärts gerichtete Rohrleitungen für die Abgase sind zu vermeiden.

Die Kamine oder Abzugsrohre für Gasheizapparate sind, um unnötige Abkühlung zu vermeiden, nur eben bis über Dach zu führen und ihre Mündungen durch feststehende Schutzhauben vor Oberwind zu schützen. In besonderen Fällen kann auch die Ausmündung von Abzugsrohren in unbewohnte Dachboden durch den Prüfungsbeamten zugelassen werden.

5. Gasmotoren.

Gasmotoren sind unter Verwendung von Gummibeuteln oder Druckreglern so anzuschliefsen, dafs keine Druckschwankungen und Stöfse sich auf das Rohrnetz übertragen. Vor dem Gummibeutel ist ein Absperr- und Regulierhahn anzubringen, der im Betrieb nötigenfalls soweit klein zu stellen ist, dafs Regler und Gummibeutel arbeiten (atmen) und die Zündflammen ruhig brennen. Die Zündflammen sind vor diesem Regulierhahn abzuzweigen.

C. Gaseinrichtungen für besondere Zwecke.

1. Einrichtungen in grofsen oder feuergefährlichen Gebäuden (Gesellschafts- und Warenhäusern), Schaufenstern.

Weit ausgedehnte Gasleitungen müssen nach Angabe des Gaswerks in einzelne, mit besonderen Absperrvorrichtungen versehene Teile getrennt sein.

In gröfseren, von vielen Menschen besuchten Gebäuden, wie Warenhäusern, gröfseren Geschäftshäusern, Schulen, Krankenhäusern, Fabriken, Vergnügungslokalen u. dgl., sind die Leitungen so anzulegen, dafs jedes Stockwerk bzw. jeder gröfsere Seitenstrang am Hauptstrang durch einen leicht zugänglichen Hahn für sich absperrbar ist.

In solchen Gebäuden und Räumen sind die Beleuchtungskörper von leicht brennbaren Stoffen fernzuhalten und möglichst über den Verkehrswegen anzuordnen.

Bewegliche Gasarme und Stehlampen sowie mit Schlauch verbundene Gasverbrauchsapparate sind in der Nähe leicht entzündlicher Stoffe unzulässig.

Die Beleuchtung von Auslagen und Schaufenstern, in denen sich besonders leicht entzündliche Stoffe befinden, soll womöglich von aufsen oder in der Weise erfolgen, dafs die Lichtquellen von dem Raume durch dichte Glaswände abgeschlossen sind. Gasflammen im Innern von Auslagen und Schaufenstern müssen so angebracht und durch entsprechende Garnituren geschützt sein, dafs jede Entzündung oder starke Erwärmung der brennbaren Bauteile oder der in dem Raume befindlichen Stoffe durch die Gasflammen ausgeschlossen ist. Nötigenfalls sind die Räume zu lüften; auch kann das Gaswerk besondere Zündung — z. B. mittels Zündflammen oder elektrischer Zündung — unter Ausschlufs der Verwendung von Streichhölzern oder anderer beweglicher Zündmittel anordnen.

2. Prefsgasanlagen.

Apparate zur Erzeugung von Prefsgas dürfen nur in unbewohnten Räumen aufgestellt werden, die genügend vom Tageslicht erhellt, leicht zugänglich und jederzeit lüftbar sind.

Die Apparate selbst müssen aus bestem Material gefertigt und vollkommen gasdicht sein. Ein Quecksilbermanometer mufs jederzeit den Druck in der Prefsgasleitung erkennen lassen.

In dem Raum, in dem die Kompression des Gases erfolgt, soll eine kurze Anleitung zur Behandlung der Anlage und Bedienung der zugehörigen Hähne und Ventile leicht sichtbar angebracht sein.

D. Prüfung, Abnahme und Überwachung der Gaseinrichtungen.

1. Prüfungspflicht.

Alle Anlagen zur Verteilung und Verwendung von Gas im Anschlufs an das Gaswerk müssen nach den vorstehenden Vorschriften in allen Teilen sachgemäfs und mit Sorgfalt ausgeführt sein, so dafs durch den Bestand und Betrieb der Anlage jede Gefährdung des Lebens und der Gesundheit und jede Sachbeschädigung vermieden wird.

Sie unterliegen deshalb der Prüfung und Aufsicht durch das Gaswerk. In Anlagen, die diesen Bedingungen nicht entsprechen, darf Gas nicht abgegeben werden.

Der die Prüfung vornehmende Beamte (Prüfungsbeamte) mufs mit der Erzeugung, Abgabe und Verwendung des Leuchtgases und seinen Eigenschaften sowie mit dem Installationswesen genau vertraut sein. Als Grundlage und Richtschnur seiner Wirksamkeit dienen die gesamten Vorschriften und Regeln für den Gasbezug, die Einrichtung und den Gebrauch des Gases, vornehmlich aber

die eigentlichen ›Installationsvorschriften‹. Gegen seine Entscheidungen ist Berufung an einen Unparteiischen zulässig, der vom
Gaswerk und von der Vertretung der Installateure gemeinsam er-
nannt wird.

Anzeigepflichtig ist jede Neuanlage, Erweiterung und Veränderung der Gasanlage.

Eine **Prüfung und Abnahme** durch den Prüfungsbeamten ist
vorzunehmen:

    a) bei jeder Neuanlage;

    b) bei jeder gröfseren Erweiterung oder Veränderung nach
       dem Ermessen des Gaswerks;

    c) wenn Gasleitungen, die länger als sechs Monate nicht
       benutzt worden sind, wieder in Gebrauch genommen
       werden sollen;

    d) wenn bauliche Änderungen an Gebäudeteilen vorgenom-
       men werden, wodurch Gasleitungen in Mitleidenschaft
       gezogen werden können.

Die Prüfungsanzeige ist vom Verfertiger der Gaseinrichtung
zu unterzeichnen und mufs folgende Angaben enthalten:

    a) Strafse, Nummer und Stockwerk des Anwesens, in dem
       die angemeldete Arbeit, die Augenscheinnahme oder die
       beantragte Prüfung vorgenommen werden soll;

    b) Name, Stand und Wohnort des Hausbesitzers, bzw. des
       Antragstellers und des ausführenden Installateurs;

    c) Zahl und Art der Gasverbrauchsstellen.

Jede prüfungspflichtige Gaseinrichtung darf erst dann in
Benutzung bzw. unter Gasdruck genommen werden, wenn sie die
in den Vorschriften vorgesehene Prüfung bestanden hat.

2. Abnahmeprüfung.

Alle der Prüfung unterworfenen Leitungen sind vor Zudeckung
der Rohre und vor Verbindung mit den Gasmessern zur Prüfung
vorzubereiten.

Die Prüfungen erfolgen in Gegenwart des Installateurs oder
seines Stellvertreters, der auch den Probierapparat und das erforderliche Werkzeug und Geräte bereitzustellen und die Prüfung
vorzuführen hat.

Der Prüfungsbeamte hat sich durch Besichtigung der gesamten Anlage von der genauen Einhaltung der Vorschriften zu
überzeugen.

Diese **Besichtigung** erstreckt sich auf die Beschaffenheit des verwendeten Materials und dessen sachgemäfse Bearbeitung, auf Einhaltung der richtigen Rohrweiten, zweckmäfsige Rohrführung, Schutz vor Frost, Gefälle, Wassersäcke, ausreichende Befestigung und Verbindung der Röhren.

Hat die Besichtigung keine Beanstandung ergeben, so wird die **Dichtheitsprobe** vorgenommen; sie geschieht (mittels Wassermanometer) unter mindestens dem 5 fachen des Betriebsdruckes und gilt noch als gut, wenn der Druck innerhalb 5 Minuten um nicht mehr als 10% sinkt (z. B. Betriebsdruck 40 mm, Prüfungsdruck 200 mm, zulässiger Druckabfall 20 mm in 5 Minuten).

Bei gröfseren Anlagen kann die Prüfung erstmalig in Abteilungen vorgenommen werden, der alsdann eine Dichtheitsprobe der gesamten Leitung zu folgen hat.

Nach Feststellung der Dichtheit untersucht der Prüfungsbeamte durch Öffnen einzelner Auslässe, ob sich die Leitung durch Ausströmen von Luft als frei, d. h. als durch Verstopfung nicht unterbrochen erweist.

Gröfsere Leuchter und gröfsere Gasverbrauchsgegenstände sind, wenn es von dem untersuchenden Beamten gefordert wird, vor der Anbringung besonders auf Dichtheit zu prüfen.

Bei solchen Einrichtungen, an denen Veränderungen oder Ausbesserungen vorgenommen worden sind, oder die eine Zeitlang unbenutzt waren und aus denen Gas schon verbraucht worden ist (z. B. bei Nachprüfungen bestehender Anlagen), bleibt die Art der Prüfung, besonders ob solche nur mit dem Gasmesser vorzunehmen ist, dem Ermessen des Prüfungsbeamten vorbehalten.

Bei **Prüfung mit dem Gasmesser** kann die Einrichtung für genügend dicht gehalten werden, wenn die Gasmesserablesungen zu Anfang und Ende der halbstündigen Beobachtungszeit keinen gröfseren Unterschied zeigen als den 1000. Teil der Gasmenge, die innerhalb einer Stunde bei vollem Betrieb der ganzen Einrichtung als Verbrauch anzunehmen ist.

Das Aufsuchen von Undichtheiten hat, soweit nicht schon der Geruch Aufschlufs gibt, durch ›Abseifen‹ zu erfolgen. **Ableuchten ist verboten.**

Das **Füllen der Leitungen mit Wasser oder Säuren** zur Ermittlung und Beseitigung von Undichtheiten ist gleichfalls **verboten.** In solcher Weise behandelte Anlagen sind von jeder Abnahme ausgeschlossen.

Jede sich bei der Prüfung ergebende Undichtheit oder vorschriftswidrige Ausführung ist sofort zu verbessern und der vorschriftsmäßige Zustand in neuer Prüfung nachzuweisen.

Über jede erfolgte Abnahme einer Leitung wird ein Prüfungsschein ausgefertigt. Durch diese Abnahme wird aber der Verfertiger der Anlage seiner Haftpflicht für gewissenhafte Ausführung und gutes Material nicht entbunden.

Für die vorbezeichneten Prüfungen und Einsichtnahmen können von demjenigen, für dessen Rechnung die Anlage ausgeführt ist, Gebühren erhoben werden.

Beispielsweise für eine Prüfung mit

1— 10	Entnahme-stellen	(Deckenscheiben oder Schlauchstellen) M. 2,—
11— 20	»	» » » » 3,—
21— 30	»	» » » » 4,—
31— 50	»	» » » » 5,—
51—100	»	» » » » 6,—

für jede weiteren 50 . . M. 1,—.

Für versäumte Prüfungstermine oder unbefriedigend verlaufene Prüfungen hat der schuldige Teil die obigen Gebühren zu bezahlen.

3. Übergabe zur Benutzung und spätere Überwachung.

Erst nach Übergabe des Prüfungsscheines dürfen, soweit erforderlich, die Rohrleitungen mit Anstrich versehen und unter Putz gelegt, bzw. verdeckt, die Gasmesser gesetzt und die Gasverbrauchsapparate verbunden werden.

Ein Anzünden der Flammen darf erst erfolgen, nachdem die Luft und das Gasluftgemisch unter nötiger Vorsicht aus der ganzen Einrichtung ausgeblasen ist.

Der Installateur hat sich vor Übergabe alsbald nach Öffnen des Haupthahnes durch Beobachtung des Literrädchens am Gasmesser nochmals zu überzeugen, daß die ganze Einrichtung gasdicht ist, trifft dies nicht zu, so hat die Inbetriebsetzung zu unterbleiben bis die Gesamtanlage ordnungsmäßig hergestellt ist.

Hat sich die betriebsfertige Einrichtung als völlig gasdicht erwiesen, so hat sich der Installateur von dem richtigen Brennen aller Gasflammen zu überzeugen. (Brennprobe.)

Auf Antrag des Besitzers oder Benutzers der Anlage kann auch die Vornahme einer nochmaligen Dichtheitsprobe mit dem

Gasmesser und der Brennprobe durch den Prüfungsbeamten verlangt werden.

Beleuchtungsflammen, sowohl offene als Gasglühlichtflammen, müssen ohne Geräusch und ohne zu zucken oder zu rußen, hell brennen.

Bei allen Flammen (Lampen wie Brennern) ist darauf zu achten, daß in ihrer Nähe kein unangenehmer Geruch auftritt, und daß sie nicht rußen, denn dies sind Zeichen unvollkommener Verbrennung.

Ganz besonders wichtig ist die Sicherung einer stets **vollkommenen Verbrennung bei den Heizflammen.** Leuchtende Heizflammen müssen eine klare begrenzte, helleuchtende Flammenscheibe über dem nichtleuchtenden Kern der Heizflamme bilden. Sie dürfen nicht trübe und unruhig werden und sich nicht in die Länge ziehen. Entleuchtete Heizflammen müssen kurz, mit blauer Farbe und einem inneren, scharf begrenzten grünen oder blaugrünen Kern brennen.

An Abzugsrohre angeschlossene Gasheizapparate sind besonders noch darauf zu prüfen, ob die vollkommene Verbrennung auch dann vorhanden ist, wenn Störungen im Abzugsrohr (Windstöße, Stauungen der Abgase) eintreten. Solche Störungen können durch vorübergehendes Schließen des Abzugsrohres künstlich hervorgerufen werden.

Dem Prüfungsbeamten steht das Recht zu, sich von dem vorschriftsmäßigen Zustand aller Gasleitungsanlagen zu überzeugen und Nachprüfungen anzuordnen.

Solche **Nachprüfungen** sind namentlich bei größeren Gaseinrichtungen sowie bei solchen Anlagen vorzunehmen, bei denen einzelne größere Apparate in Benutzung sind.

4. Durchführungs- und Schlußbestimmungen.

Die Durchführung dieser Bestimmungen ist auf privatrechtlichem oder öffentlich-rechtlichem Wege örtlich zu regeln.

Vorliegende Vorschriften treten am . . . . in Kraft. Zusätze, Ergänzungen und Auslegungen, die durch die technische und Verwaltungspraxis bedingt werden, bleiben vorbehalten und werden in üblicher Weise bekannt gemacht.

III. Belehrung über den Gebrauch des Gases.

Den Gasabnehmern gleichzeitig mit der Gasbezugsordnung auszuhändigen.

1. Eigenschaften des Gases.

Das Kohlenleuchtgas ist kein einheitlicher Stoff, sondern aus
verschiedenen Gasarten und Dämpfen zusammengesetzt; letztere,
namentlich der begleitende Wasserdampf, scheiden sich bei Abkühlung leicht als Flüssigkeit ab, die, wenn sie nicht unschädlich
gemacht wird, den Gasdurchgang durch die Leitungsrohre stören
kann. Das Gas ist wesentlich leichter als die Luft; durch seinen
Kohlenoxydgehalt wirkt es, in größeren Mengen eingeatmet,
giftig, besitzt aber einen eigentümlichen scharfen Geruch, der es
schon bei geringer Beimengung in der Luft erkennen läßt. Es
brennt mit heißer, leuchtender Flamme oder nach Beimischung
von Luft im Bunsenbrenner entleuchtet (blau) und ist für sich
allein nicht explosibel, sondern nur in Vermischung mit Luft, und
auch so nur dann, wenn auf 1 Teil Gas mindestens 4 und nicht
mehr als 11 Teile Luft treffen. Die Verbrennungsprodukte des Gases
sind zu rund 40% Kohlensäure und 60% Wasserdampf und vollkommen ruß- und geruchlos. Wo bei einer Verbrennung von
Leuchtgas dennoch Ruß oder Geruch auftreten, ist das stets die
Folge einer unvollkommenen, fehlerhaften Verbrennung. Unvollkommene Verbrennungsprodukte besitzen einen eigentümlichen,
widerlichen Geruch und, da sie in größerer Menge der Gesundheit
nachträglich und mit Gasverlust verbunden sind, ist die Verbrennung zu verbessern.

Um unvollkommene Verbrennungsprodukte zu vermeiden,
müssen größere, an Kamine angeschlossene Gasapparate von den
veränderlichen und schwer zu beherrschenden Zugverhältnissen
des Schornsteins unabhängig gemacht werden.

Die mit der Gasbeleuchtung verbundene kräftige Ventilationswirkung und das Verbrennen in der Luft enthaltener schädlicher
Mikroorganismen sind nicht zu unterschätzende hygienische Vorzüge der Gasbeleuchtung.

2. Instandhaltung und Benutzung der Gaseinrichtungen.

Die Verantwortung für die gute Instandhaltung der Gaseinrichtung samt allen Gebrauchsapparaten trifft ihren Eigentümer bzw. den Gasabnehmer.

Dieser hat in erster Linie darauf zu achten, daſs die ganze Gaseinrichtung völlig gasdicht ist und bleibt. Schon die geringsten Gasentweichungen geben sich durch den starken Geruch des Gases zu erkennen und müssen in fachgemäſser Weise beseitigt werden.

Der Inhaber oder Benutzer einer Gaseinrichtung muſs sich des öftern selbst davon überzeugen, daſs die Gebrauchsapparate (Lampen, Kocher, Gasöfen etc.) dauernd reinlich und in sicherem betriebsfähigen Zustand erhalten werden. Er muſs sich über deren Behandlung soweit unterrichten, daſs er ihr richtiges Brennen selbst beurteilen kann. Hierbei ist folgendes zu beachten:

Leuchtende, offene Flammen müssen eine klare, begrenzte, helleuchtende Flammenscheibe über dem nichtleuchtenden Flammenkern haben. Sie dürfen nicht trüb oder unruhig werden und sich nicht in die Länge ziehen.

Entleuchtete Flammen müssen kurz, mit blauem Schleier über einem inneren, scharf abgegrenzten grünen oder blaugrünen Kern brennen; wenn eine Flamme lang, violett oder gar mit leuchtenden Spitzen brennt, dann findet keine vollkommene Verbrennung statt und die Folgen sind: geringe Heizwirkung, Ruſs und schlechter Geruch.

Das deutlichste Merkmal einer richtigen Verbrennung ist das Freisein von Geruch und Ruſs und eine begrenzte, klare Flamme.

Zum Anzünden eines Brenners halte mau schon vorher das Zündmittel bereit, Kochbrenner zünde man etwa zwei Finger breit über dem Brenner.

Man öffne keinen Brennerhahn ohne alsbald anzuzünden! Man hüte sich davor, erst den Hahn zu öffnen und dann erst das Zündmittel zu holen, weil sonst bei längerem Verweilen das Ausströmen des Gases verhängnisvoll werden könnte.

In Wohnhäusern ist das Schlieſsen des Gasmesserhahns nur dann notwendig, wenn die Gaseinrichtung auf längere Zeit auſser Gebrauch gesetzt werden soll.

Wo gelegentlich der Haupthahn geschlcssen worden ist, überzeuge man sich vor dem Wiederöffnen, daſs alle einzelnen Hähne an den Apparaten gehörig verschlossen sind.

Bei Schlauchverbindungen ist darauf zu achten, daſs der Schlauch fest auf der Hülse sitzt. Das Absperren muſs durch

Schliefsen des Hahns an der festliegenden Leitung vor dem Schlauche erfolgen.

Gashahnen sollen durch die Stellung ihrer Griffe oder Einschnitte in der Richtung des Gasdurchlasses jederzeit erkennen lassen, ob der Hahn offen oder geschlossen ist.

Wo an die Gasleitung angeschlossene Apparate und Lampen entfernt werden, ist die Leitung vom Installateur durch eingeschraubte eiserne Stopfen alsbald wieder dicht zu verschliefsen.

3. Gasglühlicht.

Ein Gasglühlicht brennt nur dann richtig und mit höchster Leuchtkraft, wenn ein in Qualität und Form guter Glühkörper bei klarem Zylinder verwendet wird, wenn ferner die Gasdüse, die für die Strumpfgröfse erforderliche Gasmenge — nicht zu wenig und nicht zu viel — liefert, wenn die Luftzumischung eine richtige und der ganze Brenner rein und gut imstande ist.

Zur Richtigstellung der Gasmenge sind Regulierdüsen zu empfehlen, die so einzustellen sind, dafs der Glühkörper voll leuchtet, ohne am Kopf schwarz zu werden. Tritt letzteres ein oder wird das Licht heller bei Kleinerstellen des Hahnes, so gibt die Düse zu viel Gas; knattert der Brenner, schlägt er leicht zurück oder leuchtet der Glühkörper nur unten, so gibt die Düse zu wenig Gas.

Düse und Brennerkrone sind durch Ausblasen und Bürsten von Staub, Oxyd und hineingeratenen Insekten freizuhalten.

4. Kochapparate.

Man achte auf richtige Flammenbildung und richtige Verbrennung.

Neben der richtigen Düsenweite und Luftzumischung ist Reinlichkeit im Brenner Haupterfordernis.

Ist die Düse (feine Öffnung durch die das Gas in das Mischrohr eintritt), zu eng, kommt zu wenig Gas, dann schlägt die Flamme leicht zurück und brennt mit Geräusch und unangenehmem Geruch im Mischrohr. Der Brenner ist sofort zu schliefsen und von neuem richtiges Brennen zu versuchen oder Abhilfe am Brenner zu veranlassen.

Die Brenner sind stets von Staub und Verunreinigungen freizuhalten. Man gebe nur zum Ankochen die volle Hitze; sobald nach einigen Minuten der Inhalt zum Sieden gebracht ist, stelle man den Hahn auf »klein«. Zum Weiterkochen genügt etwa der fünfte Teil des vollen Verbrauchs.

Bei Beachtung dieser Regel läfst sich aufserordentlich im Gasverbrauch sparen, ohne dafs deswegen das Kochen länger dauert. Das Ankochen geschieht am zweckmäfsigsten und billigsten auf offener Flamme.

5. Heiz- und Badeöfen.

Zimmeröfen, Badeöfen, Heifswasserautomaten sowie gröfsere Herde und andere gröfsere Apparate müssen stets an eine geeignete **Einrichtung zur Abführung der Abgase** angeschlossen werden. Sie sollen so beschaffen und installiert sein, dafs **unabhängig von der Wirksamkeit der Abzugsvorrichtung auch bei deren zeitweiligem Versagen weder eine unvollständige Verbrennung des Gases noch gar ein Verlöschen der Flammen eintreten kann.**

Bei **Gasbadeöfen** ist weiter zu beachten, dafs sie während des Brennens **stets Wasser enthalten.** Bleibt das Wasser durch irgendwelche Zufälligkeiten aus, so kann der Ofen in kürzester Zeit zerstört werden. Es empfiehlt sich deshalb, bei Gasbadeöfen während ihrer Benutzung auf das Vorhandensein von Wasser zu achten. Wenn unangenehmer Geruch sich im Badezimmer bemerkbar macht, dann beobachte man Vorsicht, bade nicht, schliefse den Hahn und lasse den Ofen nachsehen. Man beachte die an den Gasbadeöfen oder in deren Nähe angebrachte Gebrauchsanweisung.

Sind Gasöfen oder Badeöfen beschädigt oder ist Gasgeruch an ihnen wahrzunehmen, so sollen sie erst wieder in Gebrauch genommen werden, nachdem sie von **fachkundiger** Hand in Ordnung gebracht sind.

6. Störungen und deren Beseitigungen.

Treten bei Benutzung der Gaseinrichtung Störungen ein (geringer Druck, schlechtes Brennen), so hat sich der Gasabnehmer an die Gasanstalt zu wenden, wenn diese Störungen am Gasmesser oder an der Zuleitung liegen. Dies ist in der Regel dann der Fall, wenn sich die Störung an sämtlichen Flammen der Gaseinrichtung bemerkbar macht. Fehler, die nur an einzelnen Flammen oder Apparaten beobachtet werden, sind durch den Installateur zu beheben.

Wenn in einer Wohnung **Gasgeruch** bemerkt wird, so kann das die Folge eines offen stehenden Hähnchens oder einer undichten Hausanlage sein.

Kann der Inhaber den Fehler nicht selbst finden oder beseitigen, so ist der Installateur zu rufen und ev. der Haupthahn zu schließen.

Es kann aber auch der Gasgeruch in einer Wohnung von einem **Fehler der Straßenleitung** herrühren (namentlich im Winter bei gefrorenem Boden und geheizten Wohnungen). Besondere Vorsicht ist in Wohnungen an Straßen geboten, die frisch kanalisiert worden sind, auch wenn in ihnen kein Gas eingerichtet ist. Wenn in solchen Fällen Gasgeruch wahrgenommen wird, ist sofort das Gaswerk oder die von ihm eingerichtete Wach- und Meldestelle zu benachrichtigen.

Kein Raum, in dem es nach Gas riecht, darf zu längerem Aufenthalt für Personen, namentlich nicht zum Schlafen, benutzt werden.

Wo stärkerer Gasgeruch in einer Wohnung sich bemerkbar macht, ist Licht und Feuer fernzuhalten, rasch zu lüften, die Gasleitung zu schließen und, wenn der Fehler nicht alsbald gefunden wurde, das Gaswerk zu benachrichtigen.

Das Ableuchten einer fehlerhaften Leitung ist gefährlich und verboten.

Zeigen sich infolge von Gasausströmungen Vergiftungserscheinungen bei Personen, welche das Gas eingeatmet haben, so sind diese Personen sofort an die frische Luft zu bringen, alle beengenden Kleidungsstücke zu lösen und ist so rasch als möglich ärztliche Hilfe zu holen, nötigenfalls ist künstliche Atmung oder die Überführung des Erkrankten in das Krankenhaus zu veranlassen. Als wirksames Gegenmittel bei Leuchtgasvergiftungen hat sich vor allem die **Einatmung von reinem Sauerstoff** erwiesen.

Von einer etwa vorgekommenen Gasexplosion ist stets das Gaswerk zu benachrichtigen.

7. Verhalten bei Brandfällen.

In Brandfällen soll der Gaszufluß durch Schließen des Haupthahns am Gasmesser erst dann abgesperrt werden, wenn die Beleuchtung für die Inwohner nicht mehr erforderlich ist.

In allen ernstlichen Fällen ist die Gasanstalt bzw. die mit dem Wachdienst betraute Persönlichkeit zu rufen.

IV. Erläuterungen und Ergänzungen zu den Installationsvorschriften.

Vorwort.

Der erste Entwurf zu dieser ›Anleitung‹ enthielt aufser dem Vorwort in einer ›Einleitung‹ Angaben über die für die Sicherheit und Wohlfahrt des Publikums in Betracht kommenden Eigenschaften des Steinkohlengases, ferner über das Strafsenrohrnetz und über die Zuführung des Gases zu den Gasabnehmern.

Der zweite Entwurf enthielt ebenfalls eine ›Einleitung‹ mit einer knappen Darstellung der Gasbereitung und der Verteilung und Abgabe des Gases.

In der vorliegenden Fassung sind diese Abschnitte fortgelassen worden, teils im Interesse der notwendigen Kürze, teils, weil sie mit der Gasbezugsordnung und den Installationsvorschriften doch nur in losem Zusammenhang standen.

Durchführung der Installationsvorschriften.

So wünschenswert einheitliche Bestimmungen zur Durchführung der Installationsvorschriften gewesen wären, so mufste doch hiervon Abstand genommen werden, weil die Verhältnisse in den einzelnen Städten zu verschieden sind.

Im allgemeinen wird erwartet werden dürfen, dafs nach Annahme der Vorschriften durch den Deutschen Verein von Gas- und Wasserfachmännern und nach deren Veröffentlichung in vielen deutschen Städten und Gemeinden **die Gerichte** geneigt sein werden, sie als ›allgemein anerkannte Regeln der Baukunst‹ im Sinne des § 330 des Reichs-Strafgesetzbuches zu behandeln und grobe Verstöfse dagegen nach den gesetzlichen Bestimmungen zu ahnden.

II. Installationsvorschriften und Regeln für die Ausführung von Gasanlagen.

1. Arbeiten, welche ausschliefslich dem Gaswerk vorbehalten sind.

Mit diesem Abschnitt haben sich die Vertreter des Verbandes selbständiger deutscher Installateure usw. bei den gemeinsamen Verhandlungen in Frankfurt a. M. am 12. März 1910 einverstanden erklärt, nachdem hervorgehoben worden war, dafs die Ausführung von Zuleitungen und die Aufstellung von Gasuhren durch Privat-installateure, die als ›Beauftragte‹ des Gaswerks handeln, nicht ausgeschlossen sein soll.

›Die Zuleitungsröhren müssen aus Eisen sein.‹

Die unbestimmte Bezeichnung ›Eisen‹ ist deshalb gewählt worden, weil im Kreise der Kommission keine Übereinstimmung darüber herrschte, ob **Schmiedeeisen** oder **Gufseisen** sich besser zu Zuleitungen eigne, und man daher eine bestimmte Vorschrift nicht geben wollte.

Der von einigen Kommissionsmitgliedern gewünschte Zusatz, **dafs Öffnungen in den Grund- und Kellermauern der Häuser** (z. B. Kanäle für elektrische Kabel) **dicht zu verschliefsen seien,** um bei Undichtheit der Strafsenrohre oder Anschlufsleitungen den Zutritt des Gases zu verhüten, wurde trotz seiner Wichtigkeit nicht aufgenommen, weil er keine Arbeit betrifft, die vom Gaswerk aus-zuführen ist.

›Vor jedem Gasmesser ist ein leicht zu bedienender Abstellhahn anzubringen‹,

der in vielen Fällen mit dem oben im dritten Absatz geforderten Abschlufshahn identisch sein kann.

2. Arbeiten, welche auch von Privatinstallateuren ausgeführt werden können.

Die Vertreter des Verbandes selbständiger deutscher Installa-teure usw. äufserten bei den gemeinsamen Verhandlungen am 12. März 1910 den Wunsch, folgende ›Leitsätze‹ zu diesem Ab-schnitt aufzunehmen.

a) Es liegt im Interesse der Privatinstallateure, dafs die Installationstätigkeit der Gaswerke hinter dem Gasmesser aufhört.

b) Es ist zu fordern, dafs die Bestimmungen für die innere Installation für beide Teile (Gaswerk und Installateure) vollkommen gleich sind, loyal durchgeführt werden und dafs die Gaswerke nicht gelegentlich besondere Vorteile (freie Steigleitungen u. a.) bieten dürfen.

Demgegenüber wurde von Mitgliedern der Heizkommission betont, dafs diese ›Leitsätze‹ in das wirtschaftliche Gebiet hinüber spielten und die Kommission weder beauftragt noch befugt sei, die wirtschaftlichen Beziehungen zu regeln und die gesetzlich festgelegte Gewerbefreiheit zu beschränken.

Anderseits wurde hervorgehoben, dafs nach § 1 der Gewerbeordnung für das Deutsche Reich Ausnahmen oder Beschränkungen der Bestimmung, dafs der Betrieb eines Gewerbes jedermann gestattet ist, zugelassen seien, und dafs in der vom Geh. Ober-Regierungsrat Dr. F. Hoffmann verfafsten erläuterten Ausgabe der Gewerbeordnung (8. Auflage, Berlin 1910, C. Heymanns Verlag) die Zulässigkeit einer Beschränkung der Gewerbefreiheit in bezug auf die Ausführung von Gasinstallationen ausdrücklich erwähnt sei, wodurch sich die Möglichkeit ergebe ungeeignete Elemente von der Ausübung des Gasinstallationsgewerbes auszuschliefsen.

3. Material und Weite der Rohrleitungen.

›Rohrleitungen, die in die Erde gebettet werden, sollen aus starkwandigen schmiedeeisernen, asphaltierten Röhren oder aus asphaltierten Mannesmannröhren bestehen.‹

Damit sind nicht die Zuleitungen bis ins Grundstück des Abnehmers, sondern die innerhalb dieses Grundstücks in die Erde zu bettenden Röhren von zumeist geringer Lichtweite gemeint.

›Stündlicher Verbrauch der Gasmotoren 750 l.‹

Diese Zahl gilt nur zur Bemessung der Rohrweite und ist im Hinblick auf die mögliche Verringerung der Lichtweite durch feste und flüssige Ausscheidungen gröfser bestimmt, als nach dem wirklichen Gasverbrauch moderner Gasmotoren notwendig wäre.

D. Prüfung, Abnahme und Überwachung der Gaseinrichtungen.

1. Prüfungspflicht.

›Anzeigepflichtig ist jede Neuanlage, Erweiterung und
Veränderung der Gasanlage.‹

Im dritten Entwurf zu dieser ›Anleitung‹ war gesagt, daſs dem
Gaswerk ›vor Inangriffnahme der Arbeiten‹ Anzeige zu erstatten
sei. Auf Wunsch der Vertreter des Verbandes selbständiger deutscher Installateure usw. wurde diese Bestimmung bei den Verhandlungen am 12. März 1910 gestrichen, wobei betont wurde, daſs
die Entscheidung über den Zeitpunkt der Anzeige von Fall zu Fall
zu treffen sei.